上海出版资金项目
Shanghai Publishing Funds

少年的科创

3D打印

造出万物的"魔法棒"

黄 蔚 编著

上海科学普及出版社

图书在版编目(CIP)数据

3D打印：造出万物的"魔法棒"/黄蔚编著. —上海：
上海科学普及出版社，2019.8
（少年的科创）
ISBN 978-7-5427-7584-9

Ⅰ. ① 3… Ⅱ. ① 黄… Ⅲ. ① 立体印刷—印刷
术—少年读物 Ⅳ. ① TS853-49

中国版本图书馆 CIP 数据核字（2019）第 151799 号

丛书策划　张建德
责任编辑　吕　岷

少年的科创
3D 打印
——造出万物的"魔法棒"
黄　蔚　编著
上海科学普及出版社出版发行
（上海中山北路 832 号　邮政编码 200070）
http://www.pspsh.com

各地新华书店经销　上海昌鑫龙印务有限公司印刷
开本 889×1194　1/32　印张 3.875　字数 88 000
2019 年 8 月第 1 版　2019 年 8 月第 1 次印刷

ISBN 978-7-5427-7584-9　定价：22.00 元

前 言

　　2016 年 5 月 30 日，习近平总书记在全国科技创新大会、两院院士大会、中国科协第九次全国代表大会上发表重要讲话时强调："我国要建设世界科技强国，关键是要建设一支规模宏大、结构合理、素质优良的创新人才队伍，激发各类人才创新活力和潜力。"科技是国家强盛之基，创新是民族进步之魂。

　　习近平总书记的重要讲话对于推动我国科学普及事业的发展，意义十分重大。培养大众的创新意识，让科技创新的理念根植人心，普遍提高公众的科学素养，尤其是提高青少年科学素养，显得尤为重要。《少年的科创》丛书出版的出发点就在于此。

《少年的科创》丛书介绍了我国重大科技创新领域的相关项目，所选取的科技创新题材具有中国乃至国际先进水平。读者对象定位于广大少年朋友，因此注重通俗易懂，以故事的形式，图文并茂地加以呈现。本丛书重点介绍了创新科技项目在我们日常生活中的应用，特别是给我们日常生活带来的变化和影响。期望本丛书的出版，有助于将"科创种子"播撒进少儿读者的心灵，为他们将来踏上"科技创新"之路做好铺路石，培养他们学科学、爱科学和探索新科技的兴趣，从而为"万众创新，大众创业"起到积极的推动作用。

　　本丛书由五册组成：《智能电网——无处不在的"电力界天网"》《3D 打印——造出万物的"魔法棒"》《干细胞——藏在身体里的器官宝库》《石墨烯——神通广大的材料明星》《人工智能——开启智能时代的聪明机器》。

目 录

第1章
神奇的"魔法棒"登场

▶▶▶▶ 这儿说的"魔法棒"并非是真正的魔法棒,而是几乎能够"打印"出万物的高新技术——3D打印。那么,3D打印到底是什么样的技术呢?

打印鞋子的"魔法棒" ·············

　　美国人杰克和罗琳来到天堂岛上度蜜月。漫步在商业街上，罗琳不禁为路边橱窗里的一双高跟鞋怦然心动。然而，这家商店大门紧闭，门上写明老板家里有事，10 天后才营业，而这对新人在岛上只逗留 3 天。

　　罗琳徘徊在橱窗前，恋恋不舍，杰克也是无可奈何。正在他们一筹莫展之际，一名散步的老者走了过来，似乎看出他们非常喜欢那双鞋子，就跟他们说："你们喜欢这双鞋子啊！快跟我来，我知道有个地方可以买到。"说着，便带着他们来到一栋标着"3D 打印"字样的房子前。

>>>>>>>>>>>>>>>>>>>>>>>>>>>>>>>>>>

一进门，只见屋里摆放着几台电脑和3D打印机。老者一边招呼杰克和罗琳进来，一边向他们介绍："这是3D打印机，用它就能打印出你们心仪的那双高跟鞋。"

两名年轻人很好奇："真的吗？太神奇了！"

"可我们后天就要离开天堂岛了，做鞋子来得及吗？"罗琳说出了自己的担忧。

"你们大可放心！3D打印就好像是巫师手里的一根魔法棒，现在就可以'变出'一双鞋子。别看3D打印机比工厂里的机器小很多，它的效率却非常高！"

说着，老者就开始忙着打印鞋子。果然没过多久，一双漂亮的高跟鞋就穿在罗琳的脚上了。

 并非科幻的未来生活 ·················

那么，3D打印究竟是什么呢？以下所述的，可能是你不久之后的现实生活。

早晨，厨房里飘出一股香味，原来这是从一台3D食品打印机里散发出来的。刚打印好的全麦蓝莓松饼出炉了！

爸爸正坐在餐桌边，津津有味地吃着打印出来的"猪肉"。沙发上，爷爷吃着给他定制的低糖奶油蛋糕，因为他患有糖尿病，所以具有检测功能的 3D 打印机给他制作了低糖食品。

卧室里，刚刚起床的奶奶，用 3D 药物打印机打印了一颗药丸，这是最新研制出来的、治疗心脏病的特效药，奶奶每天都得服用它。

吃完早饭，你离开家去学校上课，看见一台奇怪的机器和一名施工人员在街对面的一块空地上默默地劳作着。几天前，邻居大叔推倒了老式的木房子，准备建造一幢新的生态豪宅。

你一边走着，一边看着那台怪怪的机器在新的地基上，慢慢地操作着一个巨大的喷嘴。

依据设计蓝图，喷嘴里会挤出混凝土和一些合成建筑材料，堆砌成建筑的外墙。施工人员在一台小型计算机前操作着，由电脑全程指挥这台怪机器。其实，那台怪机器，就是一台巨大的 3D 打印机，它能打印出一栋房子。

晚上，你发现牙刷不能用了。于是，打开电脑，从网上搜索了一把造型漂亮的牙刷，付款后下载到 3D 打印机，然后，开启打印机，即刻打印出一把崭新的牙刷。

发明 3D 打印的故事 ················

可见，我们未来生活的方方面面都离不开 3D 打印。那么，3D 打印是什么人发明的呢？

3D 打印技术是由美国人查克·赫尔发明的，说起来还有一个故事呢！

1983 年，查克·赫尔在一家紫外光产品的小公司工作。他每天干的活就是，用高强度紫外线光把液体塑料"变成"固体。

有一天，赫尔脑子里灵感忽然闪现：是不是有可能把这些塑料薄片像积木似的堆积起来，这样不就可以造出需要的东西来吗？

赫尔敏锐地觉得，这肯定是个天大的好主意。于是，他从笔式绘图仪开始，将自己的想法付诸实践。

你可能会问，笔式绘图仪是什么东西？其实，它是一种绘制诸如建筑图之类的机器。赫尔就在一台原始计算机上，用 BASIC 语言进行编程。

为了制造这些物体，他把两个紫外线灯集中在一大桶液体塑料上，并用两个马达来引导紫外线光跨过液体的表面，把一根塑料条子固化成扁平的形状。然后，用第三个电机将这个固化了的塑料片浸没到液态塑料中，准备添加下一层。

赫尔夜复一夜地坚持着。慢慢地，造出的物体形状改进了……最后，他发明出了一台 3D 打印机。

引领时尚的"魔法"

今天，3D 打印这个"魔法"已经走入时尚界，开启引领时尚的新潮。不信的话，让我们来看几场精彩绝伦的时尚秀。

法国巴黎芳登广场上，正举行一场别开生面的珠宝秀。婀娜多姿的女模特鱼贯而出，她们有的手上戴着璀璨的珠宝，有的头上顶着珠光四射的皇冠，有的则颈项上挂着金首饰。但最令人惊异的是，她们所佩戴的珠宝首饰，无一例外都是用 3D 打印机打印出来的。

其中有一件珠宝非常珍贵，是俄罗斯斯摩棱斯克钻石珠宝集团利用 3D 打印技术，成功复制的 1762 年为叶卡捷琳娜的加冕礼而打造的俄罗斯大皇冠。通过扫描原始皇冠生成三维数据，然后再用 3D 打印机打印成功。

与此同时，在意大利的米兰，一场时装秀拉开了帷幕。美丽的模特们穿着造型奇特的服装，踩着音乐的节奏，缓缓地向观众走来。这些造型奇特的衣服也是由 3D 打印机打印出来的。3D 打印将面料和裁剪融为一体，利用三维软件制定编织结构的方案，再根据人体尺寸生成服装的 3D

模型，最后由 3D 打印机打印出来。

　　更为奇特的是，3D 打印所采用的"墨水"，是由生物材料组成的，打印出来的是能够感受温度的衣服，同时，这些衣服还会"呼吸"呢！

潘多拉"魔盒"打开了吗 ··········

　　过去，电影里经常有这样的情节：卧底需要窃取一把钥匙，只要把钥匙用力压在肥皂上，得到了钥匙的压模，就能做出复制品。

现在，犯罪分子已经开始利用 3D 打印技术进行盗窃。只需短短 10 分钟，罪犯就能用 3D 扫描仪创建出假冒的安全设备，如货物封条、防盗锁和钥匙等。这样，罪犯很容易偷走价值不菲的货物。

更有甚者，罪犯们用 3D 打印机打印枪支。2014 年 5 月 8 日，日本警方逮捕了一个青年，这是因为他在家里利用 3D 打印技术制造了数把塑料手枪，其中 2 把手枪具备发射真正子弹的功能。

更令人忧虑的是，3D 打印枪支这类武器更加容易瞒过许多标准的安全筛选机制，特别是金属探测器。此外，使用聚合物制造的 3D 打印枪支，可在几分钟之内被熔化，极易销毁。

那么，3D 打印技术的发明，是不是打开了潘多拉魔盒呢？专家们非常担心。看来，3D 打印技术的发展，离不开立法的完善。今后，我们还需共同努力，让这项技术走入为人类造福的轨道，而不是让其误入歧途！

指纹传感器被 3D 打印指纹成功骗过

　　有个网友在葡萄酒杯上拍摄了他的指纹图片，之后在 Photoshop 中进行处理，并使用 3ds Max 制作了一个模型。经过打印，他得到了一个可以骗过手机传感器的 3D 打印指纹。

　　令人担忧的是，各类支付和银行应用越来越多地使用指纹传感器来进行验证解锁，而现在只需要一张照片、一些软件和一台 3D 打印机就可以轻松绕过指纹识别。

　　看来，一项新技术既能造福人类，也可能危害社会。3D 打印技术是一把双刃剑。

第2章

如何"变幻"万物

▶▶▶ 3D 打印这个"魔法棒"，是如何施展出变幻万物的"魔法"的呢？

像搭积木似的打印 ·····················

到底 3D 打印是如何变出万物的呢？其实，3D 打印和小时候搭积木有点相似。

3D 打印的正式名称为"增材制造"，这非常恰当地描述了 3D 打印机的工作原理，即 3D 打印是通过将原材料沉积或黏合为材料层以构成三维实体的一种打印方法。

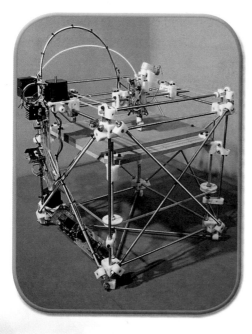

3D 打印机通过激光照射粉末状材料，把激光照射部位的粉末状材料融合在一起，这样就形成一个片。然后，照此方法打印出不同形状和尺寸的片，这些片不停地被打印出来并随时被组合在一起，既像搭积木，又像层层叠叠的梯田，最终形成一个物体。

一台 3D 打印机可以小到放入一个手提袋，也可以大到如一辆微型面包车。3D 打印机的造价可从几百美元到几十万美元不等，它们共同的特点是按照计算机的指示，将原材料按层堆积，从而 "变幻" 出三维的物体来。

3D 打印机按照三维数据，一气呵成打印出物品，省去了工厂的裁切、焊接、焊接、安装等步骤，节省了时间和人力。

如何工作 ••••••••••••••••••••••••••

3D 打印机和传统打印机基本一样，都是由控制组件、机械组件、打印头、耗材和介质等组成，它们的打印原理也是一样的。

3D 打印机打印一个物体，必须先用 CAD 软件来创建物品的数据，然后，再将数据拷贝到 3D 打印机中，这样就能开始打印了。

打印时，每一层的打印过程分为两步，首先在需要成型的区域喷洒一层特殊胶水，然后是喷洒一层均匀的粉末，粉末遇到胶水会迅速固化黏结。这样在一层胶水一层粉末的交替下，物体才能被 "打印" 成型。

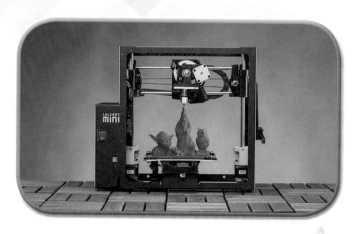

 3D 打印全过程 ·····················

1. 打印前，将不同颜色、硬度的树脂放入到打印机的墨盒里。然后，开始打印第一层。

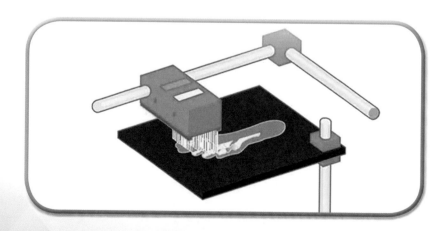

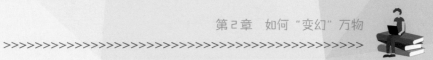

2. 紫外灯能使光敏树脂硬化，打印的第一层已经慢慢地变硬了。

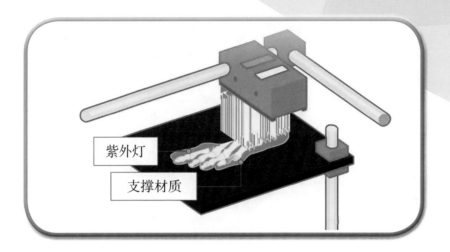

紫外灯

支撑材质

3. 就这样，一层接着一层打印下去，物体渐渐地成型了。

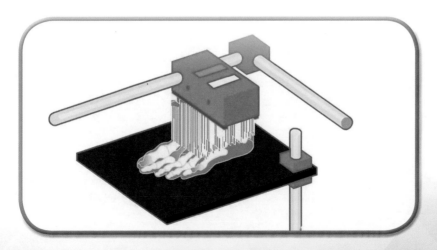

4. 打印完成后，取出打印好的物体，用高压水柱冲掉
周围的支撑物。一件 3D 打印作品就呈现在眼前了！

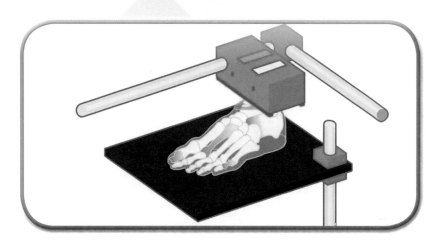

第3章

获取三维数据

▶▶▶ 只有输入数据，计算机才能为我们工作。3D打印同样如此，要打印出实物，必须要有这个物体的三维数据。那么，物体的三维数据是从何而来的呢？主要的途径就是扫描实物。

三维扫描仪 ••••••••••••••••••••••••••••••

我们在生活中所接触到的物品大多是立体的，平面扫描仪无法获取立体信息，也无法按照 3D 打印的逐层成型原理，把实物切成无数的小层面来扫描。那么，如何才能完整地扫描立体物体呢？

最早出现的是接触式测量方法，代表性的设备是三维坐标测量机。

后来，经过改良出现了非接触式测量方法，主要分两类：一类是被动方式，就是不需要特定的光源，完全依靠物体所处的自然光条件进行扫描。另一类是主动方式，向物体投射特定的光束，通过检测反射光来扫描物体。

随着技术的发展，三维扫描仪种类日益丰富，用途也越来越广，大到可以扫描地球表面，小到可以扫描分子内部结构。

扫描地球 •••••••••••••••••••••••••••••••

让人咋舌的地球三维激光扫描技术，是继 GPS 全球定

>>>>>>>>>>>>>>>>>>>>>>>>>>>>>>>>>>>>

位系统技术以来测绘领域的又一次技术革命。这是一种先进的全自动高精度立体扫描技术，又称为实景复制技术，它能精确地测量地球表面的地形地貌。

如果采用三维激光扫描技术对地球进行三维扫描，单靠激光就不行了，这时可以采用多光谱相机来协作完成。

我国的"资源三号"卫星，是第一颗自主的民用高分辨率立体测绘卫星。"资源三号"卫星共装载4台相机，1台2.5米分辨率的全色相机和2台4米分辨率全色相机，按照正视、前视、后视方式排列，进行立体成像。

"资源三号"卫星还搭载1台10米分辨率的多光谱相机，包括蓝、绿、红和近红外4个波段。卫星可对地球南北纬84°以内地区实现无缝影像覆盖。

手持式三维扫描仪 ······················

手持式三维扫描仪，是一种可以用手持扫描来获取物体表面三维数据的便携式三维扫描仪。

这种扫描技术，使用线激光来获取物体表面点云，用视觉标记来确定扫描仪在工作过程中的空间位置。

手持式三维扫描仪虽然具有灵活、高效、易用的优点，代表今后的发展方向，但由于手的运动是随意的，位置也不确定，因此如何精确、实时地确定手持式三维扫描仪的空间位置便成为该技术的核心问题。

等到突破了基于视觉标记点的空间定位关键技术，并能实现低成本生产，就能将这种扫描仪推向千家万户。

 人体三维扫描系统 ······················

为了快速实现对人体外形的扫描，出现了许多形式的三维扫描阵列，可以快速地同时从不同方位扫描，以缩短客户站立的时间。

>>>

　　人体三维扫描系统也称三维人体测量系统、人体数字化系统，广泛应用于服装、动画、人机工程及医学等领域。它是发展人体（人脸）模式识别，特种服装设计（如航空、航天服、潜水服等），人体特殊装备（人体假肢、个性化武器装备等），以及开展人机工程研究的理想工具。

　　人体全身扫描系统，能在 3~5 秒内对人体全身或半身进行多角度、多方位的瞬间扫描，获得精确完整的人体点云数据。

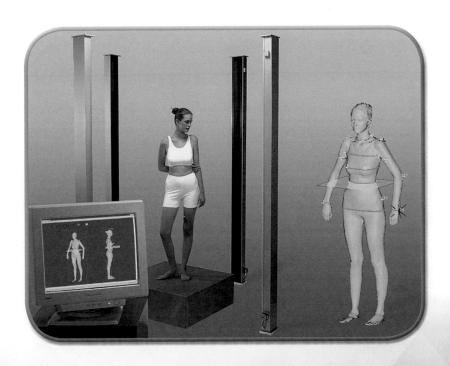

"点云" 是怎么来的 ·················

说了半天，你可知道，三维扫描仪到底是如何获取数据的呢？答案是：通过"点云"而获取的。

那么，"点云"是什么呢？要搞清楚"点云"，我们先来打一个比方。

试想，如果你把胶水浇到自己身上，然后在一大堆五彩纸屑中翻滚，结果会怎么样。当你站起来时，你的身体牢牢地粘满密集的五彩纸屑。

假如需要记录粘在你身体表面的每张五彩纸屑的精确位置，那是一件费时又费力的工作。不过，有一种捷径，能够非常方便地记录五彩纸屑的位置：根据其在空间的精确位置或依据 x、y 和 z 坐标快速记下每张小纸屑的位置。

这从本质上解释了扫描仪如何捕捉物体（如数字纸屑的表面涂层）的物理特点。每个数字纸屑代表了一个数据点。每个数据点包含三维空间中每一个小点在你身体表面的位置信息，以 x、y 和 z 坐标的方式记录。

　　粘在我们身体表面的数字纸屑也可以称作"点云"。大多数扫描仪采集了数字化的"点云"，然后将数据反馈给计算机。

　　扫描后的数据会被上传到设计软件，为了解收集的位置坐标信息，设计软件通过一系列快速计算将"点云"转换成表面网格。

 "编辑"物理世界 ·········

　　3D 打印和"点云"简直是天作之合。扫描数据开辟了设计新领域，并释放出 3D 打印的巨大潜力。对于没有设计文件的对象来说，只有通过扫描来获取物体的形状及数据。

事实上，扫描数据是跨越模拟物理世界和二进制数字世界鸿沟的桥梁。原件与副本、受版权保护的对象与衍生作品之间的界线已逐渐模糊，扫描和复制的物理对象，就处于这个灰色区域。一旦设计文件捕捉了扫描数据，这些数据就可以被编辑、复制和复印了。

总有一天，我们编辑物理世界会变得像编辑数码照片一样容易。

第 4 章

美味的 3D 打印烹饪

>>> 未来，家庭厨房里的私人厨师将会是一台 3D 打印机。它与网络相连，等待接收电子邮件或短信指令，为你烹饪一顿美食。

随你心愿的数字美食 ·················

传统烹饪器械，如切割刀具和烘烤模具，因精准度低，不能加工出复杂多变的形状。不过，数字烹饪技术却可以烹饪出传统烹饪无法企及的口味和形状。

未来，每一台食品打印机都有触摸屏、记忆卡等，方便使用者记录和上传食材配方、食材质量、营养含量和食材口味等数据。

有一种数字巧克力打印机，可以让用户体验更快捷的巧克力设计与制作过程，品尝到各种口味的巧克力。根据设计，只需将奶油、巧克力和坚果等食材，加入 3D 打印机中，再按照自己的口味调整计算机的数据，便可以打印出美味的巧克力来。

另一款"数字加工器"，其实也是 3D 食品打印机。我们可以使用配方储存、食材混合、层状加工等功能，烹饪出其他传统烹饪无法比拟的各种形

状的食材和独特口味。

"数字加工器"的形状和大小就像一台微波炉，其工作过程是由计算机操控的：食材由储存罐流入混合瓶，然后经由挤压头，最后制成精美的复合美食。

揭秘3D打印肉

已经面世的、可以入口的3D打印食物，主要有鸡肉、土豆、意大利面、草莓等。你可知道，今天已经能用3D打印机打印出猪肉。这是怎么制作出来的呢？

我们先把猪肉打成肉糜，为打印机准备好打印"油墨"，专用的食品黏合剂是必不可少的重要辅料。另外，可以搭配调料若干作为少量油墨，都装在打印墨盒中待用。

在电脑上，设计出心仪食物的形状，随后一敲键盘，发出打印指令，打印机就一层又一层地挤压出肉片，二维的层被黏合剂凝结成三维的食物形态，打印成果就是口感与肉糜相差无几的3D猪肉。

3D打印肉看上去色香味俱全，吃起来又很软、很香，其目标消费人群是老年人，入口即化，易咀嚼，好吞咽。

近期，美国科学家又发明出一种新型的 3D 打印猪肉。让我们一起来看一下这块 3D 打印猪肉是如何打印出来的？

首先，提取猪身上的体细胞，利用 3D 打印技术完美地模拟猪肉组织细胞的结构，如肉中的软骨、血管等。其次，3D 打印出微型细胞结构，再将它们放置在模拟和动物体内完全一样的环境下，让其生长，直至成熟。

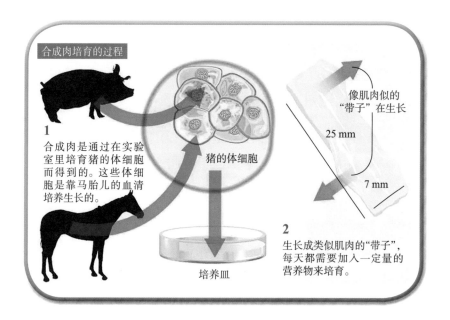

合成肉培育的过程

1 合成肉是通过在实验室里培育猪的体细胞而得到的。这些体细胞是靠马胎儿的血清培养生长的。

猪的体细胞

培养皿

像肌肉似的“带子”在生长

25 mm

7 mm

2 生长成类似肌肉的“带子”，每天都需要加入一定量的营养物来培育。

如果你想吃五花肉就打印五花肉，过一段时间，长成熟后就可以吃了，肥瘦相间，吃起来肉香十足，满嘴流油。

不过，这项技术现在还不能投入真正的食品生产中，因为成本极高，制作1千克的3D打印猪肉要花费数千美元。

 味道不错的素牛排 ·····················

在西班牙的餐厅，一道味道不错的素牛排已经端上了餐桌。吃着素牛排，食客们感到虽然其味道和真牛排有差距，但口感还是比较接近"肉"的。厨师则反映，素牛排很好煎，既不会粘锅也不会烧焦，就是看起来不太像牛排。

令人惊奇的是，这种素牛排竟然是用3D打印机打印出来的。一名意大利科学家用从大米、豌豆中提取的蛋白

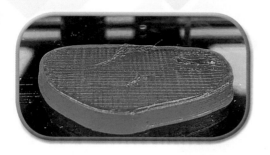

粉和海藻成分为原料，打印出了这种不含牛肉的食品。

科学家用计算机辅助设计软件设计出制作食品的程序，然后用注射器将原料注入 3D 打印机，将其拉成长长的微丝，再压制成牛排的形状。

这种 3D 打印机可以在 30~50 分钟内生产出 113 克磅素食牛排。科学家还研发出了鸡肉替代品，用 3D 打印机制造出了用纤维植物制成的仿鸡肉。

餐馆老板比较乐意销售这种素牛排，因为食客还是很喜欢吃这种看起来像牛排但吃起来像蘑菇的素牛排的。

科学家研制这种素牛排，其最终目标是要降低饲养牛羊所产生的温室气体，因为这部分温室气体已经占了温室效应气体总排放量的 14.5%。此外，食用这种素牛排对人体健康也非常有益。

诱人的 3D 打印寿司

这些寿司看起来像玩具，或是小学生用的彩色橡皮，但它们真的可以吃。日本数字食品创新公司把3D打印的寿司带到饭桌上，让"吃货"一饱口福。

　　3D打印食物已经不是什么新鲜事了，不过，之前打印出来的食物都是一层一层或者一整块的，而这种寿司是以马赛克的方式将很多凝胶小块聚集在一起。每个小块都可以设置成不同的颜色，并注入不同的口味和营养成分。

　　这种寿司是怎么打印出来的呢？

　　首先，把各种食物的信息录入数据库里。信息大概包括口味、形状、颜色和营养成分等。这样就可以把每种食物分解成许多包含不同内容的凝胶单元。在这个数据库里，人们可以查阅、上传、下载每种食物的详细数据。然后，准备好特制的3D食品打印机，输入指令，打印机会根据指令，将不同的凝胶单元组合在一起。

　　通过这种方式打印出来的寿司看起来非常诱人，但口感却褒贬不一。有人反映，这种寿司不适合食用，只是好看而已。

3D 打印的食物有许多优点。它可以用藻类等低热量的食材制作而成，还可以将维生素、膳食纤维等营养成分精准地注入凝胶单元，因此制成的食物更加健康。

同时，由于 3D 打印的食物是黏合而成的，无需使用炉灶烹饪，因此可以减少燃气等能源的使用和排放。凝胶单元还可以长时间储存。

 定制健康饮食 •••••••••••••••••••••••••••

在数字化时代，科学家会在人的身上装上数据追踪器，用来记录步行距离、心跳、体重、消耗的卡路里和睡眠质量等信息。而不久的未来，伴随着私人医疗保健和家用数控食品打印机的出现，将是另一番新景象！

未来，医用 3D 食品打印机将用来打印麦片卷和活性增强糖果。当然，厨房里的 3D 食品打印机，还会根据主人的医疗状况，为主人量身打印食物。

3D 食品打印机将是数字时代完美的食品制造技术。如果打印机接收到的血糖值高于正常值，就会自动降低食谱中的糖分含量，打印出低糖或无糖的美食。

3D 打印"厨师"会严格遵守纪律，读取生物测量数据后，它会拒绝给一个早晨没有去慢跑的人提供比萨，取而代之的是新鲜的沙拉和全麦面包。

当3D打印机配备了满足身体需要的食材，并实时读取来自身体感应器的无线信号，此时，3D打印机将集私人厨师和营养师角色于一身。试想，未来当你打开房门的一瞬间，3D食品打印机就为你打印出了健康美味的食物。

 宇航员用3D打印机做饭 ·············

今天，美国航天员回想早年的太空飞行，最感到痛苦的不是失重，也不是上厕所不方便，而是饮食不可口。当时，太空食品多半像糨糊一样，像挤牙膏似的往嘴里挤；或是压缩得像小肉丁一样干巴巴的，需要靠嘴里的唾液去慢慢湿润后，方能下咽，而且这些食物通常淡而无味。

随着科技的发展，航天员的食物种类和口味变得丰富多样。以"发现号"航天飞机为例，带上去的食物不但有新鲜的面包、水果、凤梨罐头、巧克力等，还有装在太空食品盒里的美味食品，例如青豆、香菇、肉丸等，也有如同普通快餐店里一样包装的番茄酱、烤肉酱等调味品。

不过，携带如此多的食物也有缺点，因为在飞船中，重量和空间十分宝贵，这也就限制了携带食物的数量。

最近，美国航空航天局正着手解决宇航员的饮食问题，他们想到的"终极"方案是，用 3D 打印机为宇航员做饭，并且已经投入资金进行研究。

根据设想，这种 3D 打印机将按照"数字菜谱"混合各种粉末，制造出色香味俱全的食品。做出的食品可以针对每名航天员的营养需要、健康状况和口味而定制，甚至能够根据航天员母亲的烹饪习惯，让他在太空中吃到妈妈做出的食品。

第5章

打印陆上交通工具

▶▶▶ 随着 3D 打印技术的突飞猛进，自行车、汽车和摩托车等陆路的交通工具都能被打印出来。

首款 3D 打印自行车 ·················

空气单车（Airbike）是世界上第一款全 3D 打印的自行车，是由位于英国布里斯托尔的欧洲航空防务和航天公司制造的。

设计者首先使用计算机辅助设计软件，设计出了自行车的模型，然后将设计图纸发送给一台打印机，打印机里逐层叠放着几层熔化的尼龙粉。

在打印过程中，计算机软件将三维设计图分割成很多的二维层，同时使用激光束将粉末熔化，接着在其上覆盖一层新的粉末，这样逐层叠加，最终"堆出"了这辆自行车。

以往的自行车都是由一个个部位组装完成，包括齿轮、脚蹬、轮子等，空气单车却不是，无论是它的轮子、轴还是轴承，

都是一次打印出来的，不需要组装，就可活动自如。

听起来似乎不可思议，但"打印"确实达到这种效果。在平面打印中可以打出不连续的线条，立体的打印同样可以打出彼此不相连的物体。

用打印的方式制造机械产品有很多好处。如果采用传统的工艺，将会有大量的材料在制造过程中被切削，损耗较大，而打印的方式就没有这些损耗，同时因为减少了螺栓等连接件，所以重量也大大减轻。此外，它的制造非常方便，如果你想制造一辆完全符合自己身材的自行车，只需将计算机中的数据稍稍改一下即可。

 3D 打印汽车 ••••••••••••••••••••••••••

2018 年，意大利电动车制造商 XEV 公司推出 LSEV 汽车，其车身尺寸和国人熟知的"精灵"（SMART）汽车相差不大，外观造型极其前卫、动感，车身侧面"C"形设计颇有个性，在路上行驶识别率非常高。前后大灯的设计同车身侧面相呼应，为两个相连的"C"形，灯组点亮效果出众。

LSEV 整车覆盖件采用了当今世界最先进的 3D 打印技

术，预计 2019 年开始进行小批量生产，将是世界上第一款车身内外饰件使用 3D 打印技术生产的量产汽车。

　　LSEV 是一款多用途的小型双座智能汽车，全部饰件为 3D 打印的非结构件，制造材料使用从玉米中提炼出的环保材料。

　　这辆电动车是不是仅凭外观就已经吸引到你了？不仅如此，由于使用 3D 打印技术生产，这款电动车不需要传统汽车制造所需要的模具，车辆造型和功能可以根据用户的需求定制化，客户可以参与设计，以各种方式选择个性化车辆，小到颜色纹理，大到外观造型，直至更加细致的造型功能定制。

太阳能电动车 ·······························

　　这辆用 3D 打印技术制造的太阳能电动汽车，是澳大利亚人发明的。它采用太阳能作为能源，十分环保，符合当前可持续发展的理念。

　　这辆太阳能电动车如果保持在时速 60 千米，就可以一直行驶下去。这是为什么呢？

　　原来，它可以将多余的太阳能能量储存起来，所以即使在阴雨天和黑夜里，依然可以照常行驶。

　　这辆车的动力系统非常好，在白天，它能够以 85 千米的时速连续行驶近 600 千米，完全不需要担心动力不足的问题。

由于不需要额外的能源，就可以无限行驶，从某种意义上说，这款车也是为环保事业做出了贡献。

 新奇的蜂巢形轮胎 ·

2017 年 6 月，米其林公司展示了一款最新研发的 3D 打印轮胎。这款概念轮胎引入了三大创新：免充气、3D 打印和再生材料。

和传统的气压式轮胎完全不同，这个 3D 打印轮胎并非是充气的橡胶轮胎，整个轮胎都是由蜂巢形的镂空结构组成，据说设计该轮胎的灵感来源于自然界，比如珊瑚虫、人类肺部的肺泡，这样的结构不但让轮胎保持了很好的弹性，而且完全不用担心爆胎和漏气。

这种镂空结构的轮胎非常有创意，减轻了轮胎的重量，也因此使整辆汽车轻了很多，行驶起来更加节省能源。

更有趣的是，这种轮胎的寿命竟然比汽车还长。当轮胎与地面接触的表面发生磨损时，只要用 3D 打印机重新打印胎面，就可使得轮胎恢复如新。

目前全球约有 2 亿轮胎由于穿孔、道路危险造成的损坏或不均匀磨损的气压不足而过早报废。这种新概念轮胎让汽车行驶起来更安全，也更加环保。

 炫酷的摩托 ••••••••••••••••••••••••

最近，德国有一家公司造出一辆几乎全 3D 打印的摩托车。这个风格怪异、仿佛是从科幻电影中穿越出来的东西，名叫 NERA。

NERA 的外观并不太符合当下的主流审美，更像是科幻电影中的未来主义风格，夸张的几何造型拼接，硬朗的线条，更显示出这款摩托车与众不同。

不管是从整车的犀利造型，还是到镶板、挡泥板和整流罩等细节，都让 NERA 电动摩托车看起来像是诺兰的电影中黑暗骑士的坐驾。

NERA 采用电动机驱动，全车仅重 60 千克。除去电气部件之外，全车只有 15 个零件，而且全部都是 3D 打印制作而成。

NERA 的众多创新之一，就是它的轮胎采用了蜂窝状结构，其强度和柔韧性非常高，因此这种轮胎极易打理，而且不用担心轮胎会产生爆胎的问题。另外，NERA 摩托全车用菱形结构和灵活有弹性的减震系统取代了传统的悬架结构，并由热塑性聚氨酯制成。这款摩托车的电机和电瓶则被车壳巧妙地隐藏了起来。

也许不久后，只要将摩托车的切片和建模数据发送给工厂去打印，收到打印好的零件并组装，再配上电机和电瓶就可以得到自己心仪的 DIY 摩托车了！

第6章

瞬间变幻出的建筑

>>> 未来，建造一幢房子将会变得非常容易。房子的主人只要告诉设计师想要什么样的房子，设计师则在电脑上设计、修改，直到主人完全满意后，在一边的3D打印机就开始打印，不出几天，一幢房子就魔幻般地耸立在眼前。

首座 3D 打印办公楼 ··················

近期，全球首座功能完善的 3D 打印办公楼在阿联酋的迪拜举行揭幕仪式。该办公楼是由一家中国公司 3D 打印出来的。

这座建筑物只有 1 层，楼面面积达 250 平方米。为了建造这座特殊的建筑，施工方使用了一台高 6 米、长 36 米和宽 12 米的 3D 打印机，而且只用了 17 天就建成了，耗资 14 万美元。

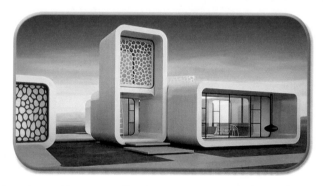

建筑材料使用了一种特殊的水泥混合物，这些材料在中国和英国经过了一系列的测试，以确保其可靠性。为了安全起见，建筑的外观被设计为弧状，这样可以提高建筑的稳定性。

设计理念是为了实现从传统形式的工作环境到未来的

办公环境的转变，并提供更多的机会来鼓励工作场所团队之间的沟通与创新。

 如何"打印"建筑物 ·····················

3D 打印机是如何打印出建筑物的呢？下面就是打印一间房子的全过程。

此次打印出的房子不大，不过 2 层，面积也就 10 多个平方米，墙体呈现出年轮蛋糕的结构，由一层层水泥材料堆叠而成，每层大约 2 厘米高。

与众不同的墙体，其实是用一种特殊的"油墨"，根据电脑设计图纸和方案，在现场层层叠加"喷绘"而成。

在打印的现场可以看到，一只巨大喷头像奶油裱花一样，源源不断地喷出灰色油墨，而这些油墨呈"Z"字形排列，层层叠加，很快便砌起了一面高墙。

之后，墙与墙之间还可像搭积木一样垒起来，再用钢筋水泥进行二次"打印"灌注，连成一体。整个打印过程，只需要一张图纸、一台电脑、就地取材制造的足够的"油墨"，就可以在 24 小时内打印出 10 幢面积 200 平方米的建筑。

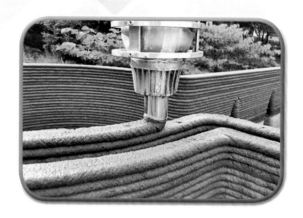

打印一张 A4 纸的打印机，体积已经不小，那么要打印一幢房子，需要一台多大的 3D 打印机呢？

告诉你吧，这台打印机的底面占地面积足有一个篮球场那么大，高度足有 3 层楼高，且长度可以延伸，完全拉开足有 150 米长。

 "油墨"是建筑垃圾

在大多数人概念中，油墨肯定是液体的，可是液体怎么能造房子呢，造出的房子能住人吗？

事实上，打印房屋的"油墨"，是一种经过特殊玻璃纤维强化处理的混凝土材料，其强度和使用年限大大高于钢筋混凝土。

空心墙体不但大大减轻了建筑本身重量，还可以随意填充保温材料，并可任意设计墙体结构。因此无论是桥梁、简易工房、剧院，还是宾馆和居民住宅，其建筑体的强度和牢度都符合且高于国家建筑行业标准。这种"油墨"被挤出后，就会很快凝固，保证打印机能连续打印，而建筑物不会塌下来。

如果是整栋 25 层的住宅楼，只要打好地基，仅十天半月即可完成整栋楼的建筑框架。之后安装好门窗，排好各类电线管道，再由打印机打印出整体的复合地板和家具，业主一个多月就可拎包入住。

现在，你看中了一栋建筑，或是喜欢全球哪套品牌的家具，只要用照相机拍下来，将设计图纸输入电脑，很快就可"拷贝不走样"地打印出来。

更为神奇的是，施工方采用一台近 2 米高的 3D 打印机，而使用的"打印耗材"是一种新型建筑材料，融合了混凝土、石膏和塑料。

梦幻般的再生塑料建筑

法国建筑师设计了一幢梦幻般的建筑——科尼费拉，

非常时尚漂亮，令人惊奇的是，它竟然是用可再生生物塑料砖制成的。

科尼费拉在意大利米兰的伊辛巴尔迪宫展出，它是一个 30 米长的装置，由 700 个互锁的模块化梦幻般建筑。整个建筑采用木材和聚乳酸（PLA）混合物进行 3D 打印而成。组成建筑的砖块有：半透明、白色和棕色三种。

受伊辛巴尔迪宫风格的启发，建筑师设计出类似金字塔的各种几何形状砖块。整个建筑创造出了一种柔软感和轻盈感，蕴含着一种人与自然之间的平和感。

科尼费拉这个梦幻般的建筑，全部采用数字化设计。有趣的是，科尼费拉利用庭院和花园区域来创造一个穿越整个空间的旅程，让人们可以看到景色从棕色渐渐地变幻成宫殿花园中半透明和白色的生物塑料。

当访客踱步于其中时，身心也随之变得异常舒畅和怡和，享受着人与自然的和谐之美。

采用生物塑料来建造，其碳排放量比石油塑料减少68%，而且还能完全降解。未来的建筑就应该是用不污染环境、不会破坏大自然的可再生材料所建成的。

 世界上最大规模的3D打印混凝土桥

目前，世界最大规模的3D打印混凝土桥在上海宝山智慧湾落成。该桥全长26.3米，宽3.6米，桥梁结构借鉴了中国古代赵州桥的结构方式，采用单拱结构承受荷载，拱脚间距14.4米，其规模远远大于在此之前荷兰、西班牙落成的两座混凝土3D打印桥。

这座步行桥采用了三维实体建模，桥栏板呈飘带式造型，与桥拱一起构筑出轻盈优雅的体态。同时，该桥的桥面板采用了脑纹珊瑚的形态，珊瑚纹之间的空隙填充细石子，形成园林化的路面。

在进入实际打印施工之前，该桥进行了 1:4 缩尺实材桥梁破坏试验，其强度可满足站满行人的荷载要求。

构件的打印材料则为聚乙烯纤维混凝土添加多种外加剂组成的复合材料，经过多次配比试验及打印实验，目前已满足强度的需求。

整体桥梁工程的打印，用了两台机器臂 3D 打印系统，共用 450 小时打印完成全部混凝土构件，与同等规模的桥梁相比，它的造价只有普通桥梁造价的三分之二。

打印月球基地

一名意大利工程师开发出一款大型 3D 打印机——D-Shape，它可以在无需人为干预的情况下打造全尺寸的砂石建筑。其使用的技术十分环保，通过从打印头喷射出黏合剂，将砂石黏合在一起。它甚至可以用大理石样的砂石混合物打印出整个住宅。

将来，人们只需按一下回车键，就能直接造出一栋建筑物。从外观上来看，D-Shape 打印机是一台大型铝制框架，可以 3D 打印出面积在 6 米 × 6 米内的任何建筑。其打印的最小层厚为 5~10 毫米，最终成品需要 24 小时才能完全坚硬。

D-Shape 还十分容易拆卸和组装，便于运输。可用来打印公交车站、桥梁、拱门、凉亭、寺庙以及各种"梦想中的建筑"。

目前，科学家已经发起了一项打印月球基地的计划，计划用月球的表层土作为建筑材料，打印出月球基地，而无需将建筑材料运输到月球上，大大节约时间和成本。

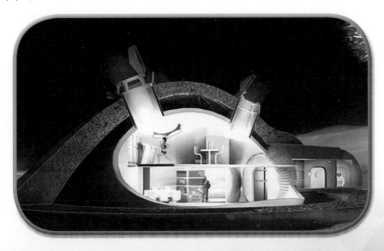

该计划是这样的：打造出一个可容纳 4 个人活动的月球基地，能抵抗陨石、伽马射线、高温辐射和严寒（低至 −170℃）的侵袭。

　　首先由运载火箭运输一个圆筒形状的居住舱模块到达月球表面，圆筒展开之后一侧开始充气，形成一个拱顶，为后续的建设提供支撑结构。接下来，风化层的土壤会被黏合在一起，经由一个机器人操作 3D 打印机，在圆顶周围建造出一个 1 米厚的保护壳。

　　为了既保证强度，又要尽量减少黏合剂（"墨水"）的使用量，这个保护壳被设计为类似泡沫的中空闭孔结构。

　　最后，D-Shape 打印机就可以在圆顶上使用月球表层土混合物一层一层地沉积出类似于"自然生物系统"的固体结构。

　　令人惊叹的是，利用模拟的月球土壤已经成功制成了一个 1.5 吨的实物模型，而小型 3D 打印机也在模拟月球条件的真空室中进行了测试。

第 7 章

飞上蓝天的打印梦

>>> 飞上蓝天，是每个人的梦想。航空航天技术是当今世界最新、最高端的技术之一，而航空航天的制造技术是其中的重要组成部分。如今，3D 打印技术也开始应用于航空航天。

世界首款 3D 打印飞机 ················

2011 年 8 月 1 日，英国南安普敦大学的工程师设计并成功制造出了世界上第一架"打印"出来的飞机。这款飞机名为 SULSA，是一架无人驾驶飞机。飞机的机翼、整体控制面和舱门都是用 3D 打印出来的。

SULSA 用激光烧结机打印，通过层层打印的方式，打印出塑料和金属结构。整架飞机可在几分钟内完成组装并且无需任何工具。

这架无人机重约 3 千克，翼展为 2 米，最高时速接近 160 千米，巡航时几乎不发出任何声响。这架飞机经过测试后，正式投入了使用。

目前，SULSA 在英国皇家海军破冰船上服役，起飞后以约 100 千米的时速飞行，使用机载摄像机为破冰船寻找冰层较为薄弱的路线。飞机基本上利用无人驾驶仪飞行，但也受操作人员的远程控制。无人机的动力是电池驱动，续航约为半小时。

3D 打印技术让高度定制化的飞机成为现实，从提出设想到首次飞行在短短几天内便能实现。如果使用常规材料和制造技术，生产出无人机的过程往往需要几个月的时间。

环保的打印飞机

小型无人机 Thor 是一架 3D 打印飞机。它没有窗户，重量只有 21 千克，长不到 4 米，好像是一个大型白色飞机模型。

在未来的航空业，3D 打印技术有望节省更多时间、燃料和资金。因为 3D 打印零部件的优势在于不需要工具，生产非常迅速。3D 打印的金属零部件比传统的零部件轻 30%~50%，而且几乎是零生产浪费。

除了节省成本外，3D 打印还能够带来生态效益，因为随着重量的降低，喷气机使用的燃料更少，排放的污染物也随之变少。

蜘蛛机器人在太空"织网"

美国科学家研发出一款智能机器人——蜘蛛机器人

（SpiderFab），可在太空中进行 3D 打印和组装太空飞船的组件、甚至大型结构，乃至卫星等。

蜘蛛机器人既是一款轨道飞行器，也是一个太空 3D 概念打印机，设计者设想未来的轨道飞行器可进行自我复制，或者巨型空间望远镜有朝一日可以取材于太空垃圾或者小行星等材料。

科学家运用蜘蛛机器人，在太空中打造轻质桁架，桁架的作用是支撑宇宙飞船中的太阳能电池板、天线、传感器等部件。未来，这一过程完全是由智能机器人打印组装，不需要人工参与。

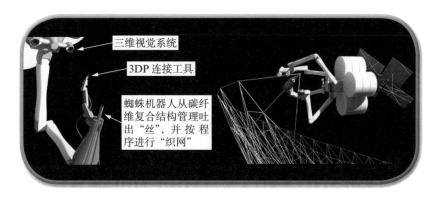

使用 3D 打印技术，使得在轨道上建造空间飞行器部件变得更加简单，通过 3D 打印也可以用于制造巨大空间天线或者空间望远镜，其规模比目前的轨道望远镜大 10 倍或者 20 倍，并不需要考虑如何折叠设计放入火箭的整流罩

内，只需要执行该任务的轨道卫星具有 3D 打印技术和制造的原材料即可。

如此天马行空的设想，让人不得不惊叹 3D 打印的神奇。要特别指出的是，美国航空航天局已经资助了多个 3D 太空打印项目，该机构希望借此能够找到 3D 打印航天飞机内部部件的方法。

 ## 打印飞船发动机

2019 年 3 月 2 日，美国发射了"载人龙"号宇宙飞船。这是它的首次太空试飞任务，在这次试飞中没有宇航员随行，试飞的主要任务是，检测此飞船是否具备安全可靠地将宇航员送往国际空间站的能力。

"载人龙"号拥有环境控制和生命支持系统，为船员提供舒适安全的环境，它被认为是有史以来最安全的人类太空飞行器之一。

"载人龙"号配备了一个高度可靠的发射逃生系统，能够在上升过程中或在异常的情况下随时将船员带到安全地点。该系统由 3D 打印发动机提供动力。

如果必要的话，宇航员可以手动控制航天器，而"载人龙"号将自动停靠并与国际空间站对接。在返回地球时，当"载人龙"号从空间站脱离并重新进入地球大气层后，将使用增强型降落伞系统。

在第一次试飞中，"载人龙"号向国际空间站运送了大约 181 千克的宇航用品和设备。此外，该航天器将携带大规模模拟器和一个拟人测试装置，该装置配有头部、颈部和脊柱周围的传感器，这些设备将为未来开展的载人飞行任务收集数据。

在"载人龙"号飞船上所采用的最新发射逃生系统，最关键的部分是新型推进发动机。这个发动机是采用 3D 打印技术制造的，"墨水"为镍铬高温合金。

　　与之前相比，使用 3D 打印，不仅能显著地缩短火箭发动机的交货期，降低制造成本，而且可以实现"材料的高强度、延展性、抗断裂性和低可变性"等特点。

 打印机器猛禽 ··························

　　据报道，荷兰一家公司通过 3D 打印制造出一种"机器猛禽"，即鸟形机器人，用来吓退机场和农田飞行的鸟。

　　"机器猛禽"共有两种——游隼和老鹰。因为这两种鸟会捕食其他鸟类，因此制造公司模拟它们来威吓其他鸟类。

　　"机器猛禽"的造型十分逼真，不光颜色体型极其相似，连活动方式挥动翅膀的样子也是完全仿真。

　　"机器猛禽"由玻璃纤维和尼龙经 3D 打印制造而成，非常坚固，即使是直接摔在地上也不会损坏。"机器游隼"

身长 58 厘米，翅展长度 120 厘米，"机器老鹰"则比"机器游隼"大了 1 倍。它们在空中的飞行时速可达 80 千米，需要人手动遥控操作。

"机器猛禽"最多可吓退 75% 的鸟类，效果显著。它的制造者——一名 27 岁的荷兰青年，准备将它升级为自主控制、无需人远程控制。

鸟类在机场盘旋对飞机起飞和降落构成了很大的威胁，而且风力发电机附近的鸟常常不幸被飞速旋转的叶片杀死，"机器猛禽"将在未来有望解决这个问题。

第 8 章

挽救容貌，恢复功能

>>> 3D打印技术既能挽救四肢不全的残障者，也能挽救很多毁容者，恢复他们的肢体功能和容颜，让他们重获新生，恢复自信。

3D 打印"仿生眼"··················

对于失明的人，没有什么比复明更幸福的。为了帮助失明患者恢复视力，研究人员研制出"仿生眼"。

美国科学家宣布他们在"仿生眼"研究上有了突破，首次使用 3D 打印技术在半球面上制造出了光接收器阵列。

如何在曲面上完成打印是研究的难点之一。为此，研究人员启用了一台特制的 3D 打印机。

在打印过程中，他们先在一个半球形玻璃体上用银粒子油墨打印一层底座，这种特制的油墨会在曲面上均匀地变干，而不是顺着曲面流下来。

随后，研究人员用半导体聚合材料在底座上，打印出能将光线转变成电信号的二极管。

整个仿生眼的打印过程需耗费约 1 小时。

一名研究者的母亲有一只眼睛失明，她非常期待能换上一只仿生眼，以恢复视力。

这个"仿生眼"的光电转换率已经达到25%。而目前1微米厚薄膜太阳能电池的最高光电转换率仅为22.4%。但是，由于质感坚硬，这种"仿生眼"暂时还无法装到人眼中。

现在，研究人员正尝试寻找在软体半球状材料上进行打印的方法，以便将其植入眼眶。同时，尝试增加更多的光受体来增强"仿生眼"的光电转换效率。

事实上，早在2012年已经有人成功植入了"仿生眼"。但此前的"仿生眼"往往需要借助一个装有摄像装置的外置设备。

据《每日邮报》报道，因遗传性视网膜色素变性而视力受损的澳大利亚人戴安·亚施沃斯，通过植入"仿生眼"恢复了部分视力。

2013年，美国加利福尼亚州第二视觉公司研制出的Argus®II视觉恢复系统，并用于帮助重度视网膜变性的患者恢复部分视力。

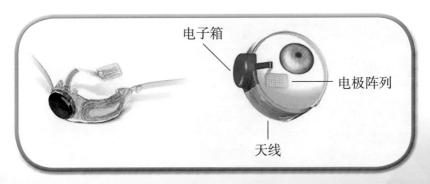

电子箱　电极阵列　天线

该系统主要由两部分设备构成：一个是视网膜植入物，包括信号接收器、电子接收盒和电极阵列；一个是体外的穿戴设备，包括一副眼镜、一个摄像头和视频处理器。摄像头捕捉到视频图像以后，经过视频处理器处理，再发送给内置的信号接收器，然后由电极阵列模拟视网膜神经，传递给大脑，形成影像，患者即可看见物体。

 打印人工心脏 ·······················

心脏，是一种通过肺和机体维持供氧和血液循环的肌肉泵。一天之中，人的心脏要压送约 7570 升的血液，等于 15000 多瓶矿泉水的量。心脏就像引擎一样，如果损坏，压送血液的效率就会降低，损害人体健康。

心脏出了毛病，要么静等康复，要么就排队等待器官捐献。仅美国，每天大约就有 3000 多人在等待心脏移植。

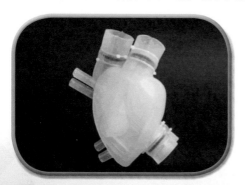

近期，瑞士研究人员开发出一种有机硅心脏，它是由 3D 打

印技术构建的，看起来像真正的人类心脏。不过，这个迷你的心脏只包含了右心室和左心室。

这个重量390克的有机硅心脏比正常的心脏重了80克。由于材料的限制，它的跳动仅限于3000次，经测试心脏最长能支撑45分钟。而它的结构和人类心脏并非完全一致，心室之间是通过充气和放气实现人类心脏瓣膜一样的抽吸作用。相同的是，能提供血液的输入与输出。

目前，心脏内用于泵送血液的人工心脏泵等装置还不完善，比如金属和塑料材料难以与器官组织相融合，导致在工作过程中会给血液造成一定的损伤。不过，这个人工心脏预示着未来的美好前景。

 "一夜康复"的残疾人 ················

3D打印为断肢的残疾人带来了福音，让他们装上打印出来的假肢。那么，3D打印是如何做到这点的呢？

首先对患者"健康"的腿进行扫描，对扫描数据建模形成设计文件。然后将这些腿在电脑上模拟叠加到患者的身上，以确保新定制的肢体能适应身体。最后，将其打印出来。

2012年有一则轰动全球的新闻，一支外科医疗团队完成了一个极具挑战性的手术：他们将 3D 打印的钛合金骨插入一名患有口腔癌的 83 岁比利时妇女的下巴。医疗团队用激光照射钛粉，打印出这块钛合金下颌骨，最后在打印的骨表面镀上陶瓷。手术后几个小时，这名妇女就可以讲话甚至喝汤了。

澳大利亚人理查德的下巴在小时候曾遭受一次猛烈撞击，下巴左侧与颅骨的连接被撞脱落了。一直以来他都无法正常地用下巴咀嚼食物，后来更加严重了，渐渐地无法张开嘴巴。

一名口腔颌面外科医生对理查德的下巴进行了CT扫描。然后，将 CT 扫描数据转换成可打印的设计文件，打印出一个钛合金下巴。再根据对理查德颅骨的 CT 扫描数据制造塑料模型，并用喷制钛合金下巴进行模拟安装，加以修正。

植入手术后，理查德已经可以使用下巴张嘴活动了，并可以将口腔张开到比手术前更大的尺度。

用打印牙吃东西 ·······················

2016年年初，荷兰一家公司制造出第一颗3D打印的牙冠。为了证明3D打印的牙齿也能咀嚼食物，研究人员亲自上阵，将第一颗3D打印牙镶入自己的嘴中。

在植入3D打印牙之前，先对该研究员的口腔进行了3D扫描，并进行数字化修饰。然后，进行3D打印，再做表面处理，这个完美的牙冠植入物就算完成了。

这个牙冠使用了一种被称为MFH（微填充混合）的特殊配方材料。这种材料是专为牙科和植入物设计的一种生物相融材料。其无机填料与树脂之间复杂的平衡使得该材料具有高强度、高耐磨性，而且能够像天然牙齿那样被染色和抛光。

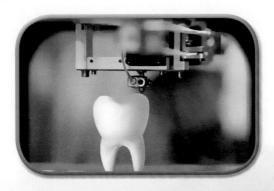

最后，由阿姆斯特丹牙科学术中心的口腔种植教授为他装上这个 3D 打印的牙冠。

这种 3D 打印牙的发明，使为患者量身定制最合适的牙齿成为可能，因为计算机能非常完美地复制出和原牙几乎一模一样的 3D 打印牙。

"终结者仿生耳"

近日，美国普林斯顿大学的科学家打造出一种带有天线的 3D 软骨耳朵。据介绍，这只耳朵可以接收到超越人类所能听到的无线频率，因此也被称为"终结者仿生耳"。

一般情况下，要把电子材料和生物材料连接在一起常常不得不面临机械和热学上的问题。为了能成功地打造出这只人造耳，研发团队首先使用水凝胶打印出一只耳朵的样子，再利用相应的计算机程序将耳朵切成片。之后，利用来自小牛身上的细胞，将这些耳朵片通过 3D 打印机打印出来，就能得到内嵌电线的人造耳。

目前，这只人造耳具备了人耳所拥有的软骨结构，而安置在耳朵内部的旋转天线则可以组成耳蜗螺旋。这样，它就可以帮助听觉神经末梢有问题的患者重新恢复或提高

听力。同时，这只 3D 仿生耳可以接收无线电波，研究小组计划结合其他材料，比如压敏电子传感器，确保仿生耳能识别声音信号。

 ### 将皮肤"打印"在伤口处 ⋯⋯⋯⋯⋯

　　未来的一天，一台装满患者自身细胞的生物打印机，在患者床边来回移动，忙着打印"皮肤"，帮助患者愈合大面积的伤口。这听起来似乎有点科幻，但实际上我们离这一天并不遥远。

　　美国科学家发明了一种 3D 打印皮肤的系统，利用人体自身的皮肤细胞来制造新的皮肤层，以修补大面积伤口。

　　科学家发明的这台新机器，可以被推到床边，病人可以躺在打印机喷嘴下，这为病人长时间接受治疗时提供了良好的条件。

由于打印机使用的是由病人自身细胞组成的"墨水"，因此可以大大降低排斥反应的风险。

在整个修复过程中，研究人员首先利用新型机器对健康的皮肤进行活检，从中分离出两种类型的皮肤细胞：帮助构建愈合伤口的结构纤维母细胞和皮肤最外层的角质形成细胞。然后，将分离出的细胞增殖出更大量的细胞，再将其混合到水凝胶中以形成生物打印机的"墨水"，这就是修复伤口的"原材料"。

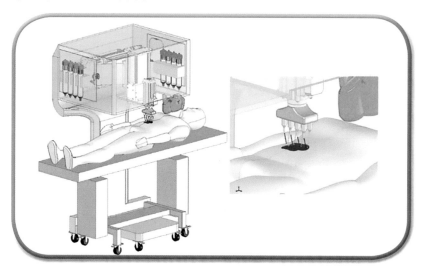

而新型皮肤打印机与之前的不同之处在于：新机器不仅仅只是在伤口上涂抹新生的皮肤，而是首先利用 3D 激光扫描仪扫描患者的伤口，来构建伤口拓扑图，再将数据

输入软件，并告诉设备将打印的皮肤层放在哪里。

利用该图像，3D打印机将生成的纤维母细胞填充到最深部分，然后在伤口的上层构建角质形成细胞，形成组织。

这种技术通过模仿皮肤细胞的自然结构，加速了伤口愈合的速度。

 挽救毁容者 ·······················

3D打印技术如今如日中天，受到越来越多的关注，并被广泛应用在医疗、汽车等领域。2013年，《悉尼先驱晨报》报道了一位因为肿瘤切除了左半边脸的患者通过3D打印技术重获新生的故事。

埃里克·莫杰是一家餐馆的老板，2009年，医生发现在他脸部的皮肤下面长有一个网球大小的恶性肿瘤。之后

医生给莫杰做了紧急手术，切除了他的整个左半边脸，包括眼睛、面颊骨和下巴，并在他的脸上留下了一个大洞。从此，他无法正常饮食，只能借助一个直接通向胃的管子来"吃东西"。

然而，在毁容数年后，外科医生采用最先进的 3D 打印技术为 60 岁的莫杰创建了一个面具。首先医生利用 CT 和面部扫描技术扫描莫杰的头骨，然后根据扫描的图像在电脑中构建正常的脸部 3D 模型，最后利用 3D 打印技术将模型打印出来。

通过使用特殊的尼龙塑料，医生打印出与莫杰脸部完美贴合并且栩栩如生的假脸。而且，这项革命性的技术注重细节，就连用来固定假脸的螺丝也是 3D 打印的。

这面新的硅胶面具利用磁铁覆盖在莫杰的脸部，睡觉时，他可以很轻易地将面具摘下来。对于他来说，这半边假脸使其生活质量有了质的飞跃，他又能正常地饮食了。

为无臂儿子打印仿生臂 ．．．．．．．．．．．．．．

2019 年 1 月 2 日，英国《每日邮报》报道，英国的卡勒姆·米勒用 3D 技术为缺损左臂的 10 岁儿子制造了 9 只仿生手臂。

米勒的儿子杰米生来就没有左臂，在他 6 岁时，医生表示可以做手术把杰米的脚趾移植当作手指，但米勒拒绝了，他表示虽然杰米没有左臂，但这从来没有妨碍杰米继续生活，他们会教杰米怎么用单手做事。

2017 年，米勒买了一台 3D 打印机，并在网上下载设计图为杰米制作 3D 手臂。第一次做的手臂就很成功，这种 3D 手臂从肘部延伸下来，通过弯曲肘部，手指就可以活动。而第一次戴上假肢的杰米很激动，并带去学校，让同学和老师震惊了一番。

到目前为止，米勒为杰米制作了 9 只印花手臂，有一只配有闪烁的 LED 灯，这是杰米想出来的创意。现在米勒通过在这只手臂上安装电子传感器来对它进行升级。

植入气管 ....

美国密歇根州有一个名为卡伊巴的婴儿，只有两个月大的他气管软化而坍塌，氧气无法顺畅地进入肺部，随时面临窒息的危险。因为这种病，他可能随时会停止呼吸，每天都需要医生来救助。

为了彻底解决卡伊巴的难题，主治医师决定给他植入一个 3D 打印气管来维持正常呼吸。

首先，医生对卡伊巴的胸部进行 CT 扫描，创制了一个数字模型。然后输入电脑，再由一台激光 3D 打印机用聚己酸内酯，打印出一个气管。

通过外科手术，这个打印的气管，被装进了孩子的呼吸道。就这样，卡伊巴的支气管被撑开了，呼吸不会再有问题了。2~3 年后，这些具有生物相溶性的聚合物，还可以融进孩子的身体，跟气管完全结合，

目前，卡伊巴已经完全摆脱了呼吸器，可以自主呼吸了，让人不得不感叹 3D 打印技术的伟大。

意念操控 3D 打印假肢 ···············

19 岁美国少年伊斯顿·拉查佩尔，开发出了一种更为先进的装置——脑电波意念控制的 3D 打印假肢。

伊斯顿·拉查佩尔 14 岁时，因为觉得机械手臂很酷，所以开始制作机械手臂。于是，在没有任何电子编程和机械知识的情况下，他开始了这项不可能完成的任务。经过他不懈努力，几年后梦想终于变为现实——一只以遥控手套控制的机械手臂诞生了。

第一代机械手臂是他用乐高积木搭出手，用钓鱼线和手术软管做手指，用五个独立的伺服机控制手臂动作。

之后，伊斯顿·拉查佩尔重新设计了新的模型，并得到了当地一家知名工厂的技术支持。他们为他专门制作机械臂的塑料骨架。第二代机械手臂由 3D 打印的零件、牙科橡皮圈模仿的肌腱、彩色尼龙包胶线圈做成的韧带、任天堂遥感手套，还有操纵手臂动作的脑波控制耳机所构成。

机械臂显然要比之前的完美了许多，特别是在手掌部分有了很大的提升。新的机械手有和人类相类似的指关节，每一节手指都能够弯曲。安装在手腕内部的小电机能够通过类似鱼线的钢丝牵引手指进行活动。

为了控制机械手臂，伊斯顿·拉查佩尔将一只20世纪80年代的任天堂游戏手套改装成一只可以控制机械臂的控制器。然后，他又成功编程，改变了游戏控制器，使得自己可以通过脑电波来控制机械臂。

要控制这些脑波假手，还需要戴上一种无线式的头戴装置，不过操作起来其实非常容易。一名截肢者使用无线脑波头戴装置来控制假手，在10分钟之内他就学会如何顺畅地通过意念来使用了。

第9章

定制器官，打印活细胞

▶▶▶ 在 2011 年的 TED（技术、娱乐和设计）大会上，美国威克弗里斯特大学研究员演示打印肾脏。不久的未来，由活的细胞组织打印出来的肾脏或心脏将造福患者！

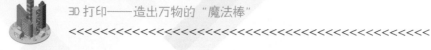

什么是 3D 生物打印······

目前，中国每年约有 300 万人等待器官移植挽救生命，但每年仅有约 1 万人能获得器官并接受移植。

长久以来，医疗行业投入了大量的资源进行研究以期解决移植器官不足的难题。而近期 3D 打印肝脏、3D 打印肾脏、3D 打印仿生耳等医疗领域取得的突破，让整个医疗行业兴奋不已。

3D 生物打印机的不同之处在于，它不是利用一层层的塑料，而是利用一层又一层的生物构造块，去制造真正的活体组织。这一技术尚处于初级阶段，但是第一台 3D 生物打印机的原型机已在 2009 年底制造出来并用以测试。

3D 生物打印机有两个打印头，一个放置最多达 8 万个人体细胞，被称为"生物墨水"；另一个是打印"生物纸"的。据介绍，这种机器首先"打印"器官或动脉的 3D 模型，接着将一层细胞置于另一层细胞之上。打印完一圈"生物墨水"细胞以后，接着打印一张"生物纸"的水凝胶。

然后不断重复这一过程，直至打印完成新器官。随后，自然生成的细胞开始重新组织、融合，形成新的血管。

每个血管形成大约需要一小时，而融合在一起需要数天时间。

3D 生物打印机

　　3D 打印机能直接以液体或粉状塑料制造出三维物体，而 3D 生物打印机使用的是一些特殊的材料来打印。这些材料是用人体细胞制作而成的"生物墨水"及生物纸。生物纸的主要成分是水凝胶，可用作细胞生长的支架。一般用来自患者自身的细胞，这样不会产生排异反应。

　　美国威克森林大学的安东尼·阿塔拉教授，利用 3D 生物打印技术打印出"人类肾脏"。研究人员首先从成年患者的骨髓和脂肪中提取出干细胞，通过采用不同的成长因子，这些细胞分化成不同类型的其他细胞；然后再将分化的细胞转化成液滴，制成"生物墨水"。最后由注射器一层层地将"生物墨水"喷涂到凝胶支架上，直到器官打印成型。

骨骼"脚手架"

　　2009 年，瑞士科学家成功地用 3D 打印机精确复制了人类拇指骨骼，这项技术的突破，为医生采用患者自己的细胞组织培育以替换受损和患病骨骼开辟了新的途径。

首先,要对需要复制的骨骼进行 3D 成像,如果这块骨骼丢失或者严重受损,可以对身体上的"孪生骨骼组织"进行镜像 3D 成像。比如患者的左手拇指被切断并且丢失,那可以对右手拇指进行 3D 拍照成像。获得的 3D 成像输入 3D 喷墨打印机,该打印机专用于打印薄层的预选材料,然后一层重叠一层,直至打印成型。

同时,研究者在打印机中装载了三钙磷酸盐和一种聚乳酸,这是人体中最基础的元素。这个打印形成的骨骼"脚手架"包含了数千个微孔,骨骼细胞可以放置在其中,逐渐培育生长,最终这个"脚手架"可以生物分解消失。

研究小组还从人体骨髓中提取 CD117 细胞,这种细胞能发育成一种叫做"造骨细胞"的初生骨细胞,同时在 3D 打印机形成的骨骼"脚手架"中注入一种凝胶,可对培育的初生骨细胞提供营养发育。

3~4 个月之后,骨骼"脚手架"最终在老鼠背部的皮肤下分解,而脚手架中的造骨细胞形成了人体骨骼。

其实,类似的技术突破案例已经有过。芬兰坦佩雷大学的研究小组,在患者的腹部用这种"脚手架"的方法,花了 9 个月的时间,成功培育出一个男性的下颌骨。

3D打印镂空假肢

有一位设计师运用3D打印技术制造了一副镂空的外骨假肢，通过激光扫描患者完整的那条腿，程序根据解剖学自动分析，描绘出对称的那条腿的模型，做到外形和真腿分毫不差。患者戴上假肢后，行走起来很顺畅，几乎没什么不适感。

首个3D打印心脏诞生 ·················

以色列科学家取得了一项突破，他们用人类的脂肪组织，通过一系列神奇的操作，最终成功3D打印出了一颗"心脏"。它虽然只是一个微缩版的原型，却是人类首次成功设计并打印出一个具有细胞、血管、心室和心房的"心脏"。

研究人员先从患者的体内取出了一些脂肪组织，然后将其"细胞"与"非细胞"的成分进行分离。这些细胞随后被用来诱导产生多能干细胞，而胶原蛋白和糖蛋白等非细胞成分则用来合成"个体化凝胶"，来充当3D打印的"墨水"。

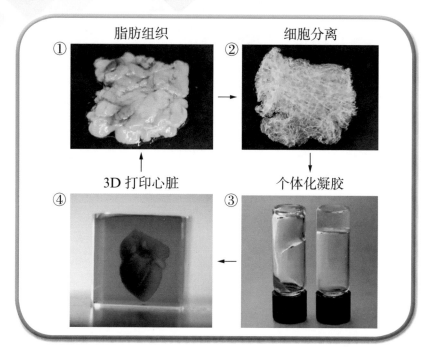

神奇的是，自身材料组成的凝胶，给干细胞提供了良好的发育环境。在这些凝胶里，干细胞能高效分化成心脏细胞和内皮细胞。由于所有的材料都来自患者本身，这些细胞产生的组织能有效地避免异体器官移植中的排斥问题。

成功分化细胞后，研究人员开始 3D 打印心脏组织和器官。利用 CT 扫描技术，他们勾勒出了心脏的大体结构，包括心脏的形状、心房心室的尺寸及血管的走向。

之后，他们成功打印出了一个 "心脏"。不过，打印出来的还只是一个 "迷你版"，只有樱桃那样大，差不多是兔子心脏的大小。这颗心脏带有心脏细胞和血管，结构完整。目前，这颗心脏里的细胞可以出现收缩，但尚不能像正常心脏一般搏动泵血。

可能在不久的未来，医院里就会出现器官打印机，到那时，器官移植用的都是打印出来的器官。

3D 打印卵巢

2017 年，美国西北大学的研究人员利用 3D 打印技术，构建出一种卵巢支架，成功地让被摘除卵巢组织的小鼠重新受孕，并生育出了后代。

3D 生物打印最关键的是打印的"墨水"。这些"墨水"必须能在空气中逐渐固化，形成坚硬的结构。经过挑选，研究者采用了明胶，这是一种在很多动物卵巢内都很常见的天然胶原。

3D 打印这种卵巢结构，有点类似于孩子玩积木。孩子们只有按照不同角度、距离、位置摆放积木，最终才能搭

建出心中想要的"小房子"。而研究人员运用 3D 打印机在 1.5 厘米见方的空间，打印出了支撑卵巢的支架。

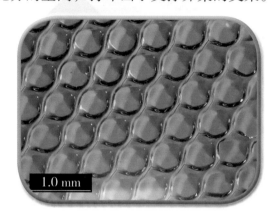

1.0 mm

　　在显微镜下，这个支架结构互相交织，组成了一个个小格。这就好像人类的骨骼在体内支撑起我们的血肉一样，也好像是建筑外面的脚手架。

　　随后，他们在其中放入了小鼠的卵泡，观察其生长情况。并且，又在这个卵巢支架上的小孔内，往其中植入一个个卵泡。至此，一个人工制造的卵巢就形成了。

　　最后，研究人员将这些人工卵巢移植入了 7 只卵巢被

移除的小鼠中，观察人工卵巢在生物体内的表现。

　　过了一段时间，这些小鼠先是出现了排卵

周期，其后有 3 只小鼠在交配后顺利产下了后代。

　　下一步，研究团队计划要打印出猪的卵巢。由于猪的器官与人的器官尺寸接近，生理周期也相似，这有望推动这项技术最终应用于人体。

 血管有病，打印一根 ·················

　　在四川华西医院再生医学研究中心，科研人员正在给一只恒河猴做手术。他们将一段 3D 生物打印血管移植到猴子体

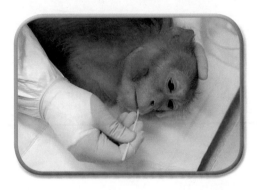

内，猴子的基因和身体结构和人类比较接近，选择的部位是猴子的腹主动脉，这段动脉的内径有 6 毫米，和人体下肢的动脉血管粗细也比较接近。

　　在本次实验中，科研人员首先抽取恒河猴的脂肪干细胞，进行培养之后，用独创的"生物砖"技术将脂肪干细胞转化成打印的"墨水"。这是因为干细胞可以分化为机体的任何一种细胞，所以也能长成为血管。

然后，用 3D 生物血管打印机构建出人造血管，最后植入实验动物体内，利用动物体内自主再生能力，自己长成完整的血管。

世界上首台能打印出血管的 3D 生物打印机诞生在这里。用这台机器，可以打印出血管独有的中空结构，和多层不同种类的细胞，关键这些还都是活性细胞。

打印前，用 CT 和核磁共振扫描需要更换的血管，获取血管数据，再建立一个三维模型，最后 3D 打印出血管。

打印喷头里喷出的无色墨汁就是构成血管的关键材料，科研人员给这些关键材料起名叫"生物砖"。生物砖的大小比头发丝的直径还要小，外面还有保护的外壳，里面就是人体的干细胞。

通过手术，科研人员把打印好的血管，用线与体内的血管缝合在一起。在经过 62 天的生长后，通过 CT 检测发现，打印的血管已与恒河猴的腹部主动脉融为一体，完全长好了。这意味着移植相当成功。

干细胞 +3D 打印，用于肝脏移植 …

英国科学家结合干细胞与 3D 打印技术，成功培育出了有自愈能力的肝脏组织。

首先，科学家采集人类胚胎干细胞，并通过定向诱导，培育成肝细胞。

接下来，寻找适合人体的聚合物，最好的材料是可生物降解的聚酯聚己内酯，它被制作成微观纤维，纤维网形成 1 厘米见方的三维支架。之后，将源自胚胎干细胞的肝细胞，加载到支架上并植入小鼠皮下。

研究结果显示，血管能够在支架上成功生长。此外，科学家发现小鼠的血液中含有人肝蛋白，表明组织已成功地与循环系统整合。

科学家又进一步在患有酪氨酸血症的小鼠体内，测试肝组织支架的效果。酪氨酸血症是一种潜在致命的遗传疾病，其中肝脏中分解氨基酸酪氨酸的酶是有缺陷的，就会导致有毒代谢产物的积累。

研究结果表明，植入的肝组织能帮助患有酪氨酸血症的小鼠分解酪氨酸。与接受空支架的对照组中的小鼠相比，移植有 3D 打印肝脏组织的小鼠体重减轻，血液中毒素积累较少，并且肝损伤迹象较少。

　　未来，这样的植入物可能帮助肝脏衰竭患者，让他们恢复健康。

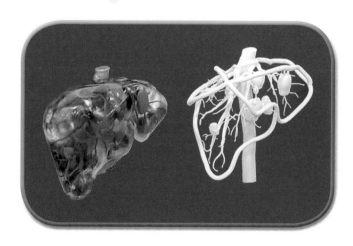

第 10 章

梦幻般的考古科技

>>> 3D 打印的出现，打破了二维平面的限制，同时解放了人们的想象力。利用 3D 打印技术，我们还可以进行考古研究与文物保护，如造出一头仿真的恐龙，复活远古的生物、修复文物等。

再现恐龙 ·····························

恐龙，虽然谁也没看见这种神奇的动物，但不可否认它们曾经生活在地球上。今天，唯一能够寻找得到的是遗留在地下岩层中的恐龙化石。

恐龙死后，身体中的软组织因腐烂而消失，骨骼（包括牙齿）等硬体组织沉积在泥沙中，处于隔绝氧气的环境下，经过几千万年甚至上亿年的沉积作用，完全矿物化而形成化石。可以说每一份恐龙化石都是非常珍稀的文物。

恐龙化石是亿万年前恐龙生存和生活的直接表现方式，研究恐龙化石的同时，我们获得了关于地质、生物、天文、环境等多方面的知识，使我们知道应该如何同自然界和谐地相处。

但是，由于年代久远，恐龙研究面临诸多限制。不过近日，美国德雷塞尔大学的一个研究小组推出了一个新的项目，利用 3D 扫描仪和打印机再现远古的恐龙，以便更容易地研究它们。

重建的过程大致是这样的：研究团队首先制作出了骨骼化石的石膏模型，然后使用细节捕捉能力强大的 3D 扫

描仪对这些模型进行扫描。在完成扫描工作后，他们得到了所有模型的 3D 数字模型。接着，研究人员运用软件创建出了精确的 3D 数据，并且对有些缺失的恐龙化石，用镜像复制技术，弥补了缺少的部分。

最后，使用 3D 打印机将整个恐龙的骨骼打印出来。

研究人员希望能利用该技术打造出恐龙的模型，用于研究恐龙等史前动物在当时环境下的生活状况。

 "复活"远古生物 ·············

近日，古生物学家已经借助 3D 打印技术，将一只生活在 3.9 亿年前的远古生物"复活"了。这种软体动物，不但浑身尖刺，而且全身都覆盖有硬甲，其体长大概只有 2.5 厘米。

这只近似卵形的软体动物体，学名叫做 "Protobalanus spinicoronatus"。在此之前人们只发现了它的少数一些不完整的样本，因此无法进行高精度的复制工作。

2001 年，考古人员在美国俄亥俄州北部发现了保存较完整的该物种化石，当初这一化石部分被镶嵌在岩石中，它的壳和刺部分已经被侵蚀破坏了。

为了重构这个样本，研究小组先是利用一种类似医学 CT 扫描的技术构建了这个破碎化石的三维立体模型。然后，又煞费苦心地在计算机上将这些破碎的碎块进行拼合。

接着，研究小组将已经构建好的 3D 数字化石模型在计算机中放大了 12 倍，并使用 3D 打印机打印出了一个立体的物理模型，即利用计算机控制打印设备，依据数字化模型逐层喷洒软性材料物质颗粒，直到最终形成 3D 模型。

接下来，研究人员运用雕刻的方式，用由黏土、面团和硅胶制作而成的彩色纹理模型。当这一切完成后，这个远古生物便"活灵活现"地出现在世人面前了。

在数亿年前的海底，它可能是用一条吸管般的腿爬行。这种古老生物是现存的海洋生物"石鳖"的远亲。

修复历史文物

2012年12月，哈佛大学闪族博物馆的两名研究人员通过3D打印修复了古文物，展示了新技术在保存物质文化方面的作用。

这件被修复的文物是一只身长2英尺（约0.6米）的陶瓷狮子，它被考古人员从位于伊发拉克古城的一座庙宇遗迹中挖掘出来。由于3300年前亚述人在进攻古城时，将这个庙宇中的神器统统砸碎摧毁并且掩埋于地下，因此这只陶瓷狮子的身体大部分都已经损坏，只有前爪和后肢还保存完整。

两名研究人员从上百个角度拍摄了瓷器的碎片，并对每块碎片制作3D模拟图，然后将其整合，做出了原物的3D模拟图。

他们认为美国宾夕法尼亚大学所珍藏的一只同时代、保存完整的陶瓷狮子，与这件陶瓷狮子的残片有几分相似。

于是，通过 3D 扫描和打印技术，他们复制出了宾夕法尼亚大学的陶瓷狮子，然后将它切割成几个部分，与破损的陶瓷狮子进行拼合。然后，他们又用 3D 扫描技术，将拼合的结果输入数据库，以数字虚拟软件调整狮子的模型，再将模型打印出来细细揣摩。

文物修复时，由于缺乏可以参考的实物，使得考古学家很难展开工作。所以，最理想的就是把模型修改的结果一遍一遍地打印出来，再根据实物来调整，最终才能得以修复成功。

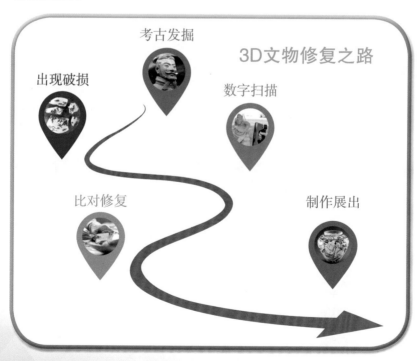

第 11 章

"打印"时尚

▶▶▶ 在时尚界，3D 打印运用神奇的"魔法"，大展身手：不但打印出了你心仪的戒指，还能打印性感十足的比基尼泳衣以及华丽高贵的婚纱。

用 3D 打印戒指求婚 ·················

　　美国小情侣瑞秋·甘特和安德鲁·戴明一直从事室内设计和工业设计，他们现在一起创立了一家珠宝公司，主要从事戒指的设计和制作，而他们正是使用 3D 打印机来完成珠宝的生产的。

　　3D 打印的戒指个性十足、独一无二，正好寓意着情侣的独一无二，正是情人节的绝配。赶紧定制一枚 3D 打印戒指去求婚吧！

　　3D 打印戒指的过程是这样的：

　　首先，画出戒指的样式草稿，然后设计出三维模型，再用以石蜡为耗材的 3D 打印机打印出来。完成后，上色为纯金或彩金颜色，最后手工抛光。当然，用户也可以购买用金属直接打印的戒指。

　　一家法国公司开发了定制珠宝的网店，为顾客定制独特的 3D 打印珠宝首饰。客户可以上网选择想要的戒指材质，如金、银、钢，甚至钛合金，价格和戒指大小会实时显示在计算机屏幕上。下单以后，这家公司会将珠宝打印出来，并送到客户家里。

如果想要给女朋友一个惊喜而偷偷跑去购买订婚戒指时，就会不得不面临一个难题，即如何选择戒指的大小和款式。因此，这种网上定制后、3D打印出来的戒指，对于那些追求时尚、个性化的年轻人来说，是相当具有诱惑力的。

情话声纹戒指

日本一家公司推出用声音制作的声纹戒指，此戒指依据人们的声纹成型，可把想说的情话留存，与心爱的人永久相伴。

声纹戒指结合了戒指与声音的特色，成为一种独一无二又具有珍贵价值的礼物。

消费者如欲购买这种戒指，必须先上该公司网站录制声音，将想说的话以3秒钟的时间录下，并选择尺寸和材质，该公司便会依据这句话的声纹以3D技术制作成戒指。

3D 打印比基尼泳衣 ·················

全球第一款利用 3D 打印技术打印出来的比基尼泳衣已经面世。

这款名为"尼龙 12"的比基尼泳衣由美国设计师设计，并采用 3D 打印生产。"尼龙 12"是一种结实的尼龙材料，它具有牢固、易弯曲以及厚度可低至 0.7 毫米的特点，是绝佳的 3D 打印泳衣的材料。此外，它还有卓越的防水性能。

设计师运用一种称为"选择性激光烧结（SLS）"的技术，用非常纤细的绳子连接起无数圆形薄片，进而织出复

杂的泳衣面料。

设计师还编写了一个计算机程序，通过改变圆形薄片的大小、分布及连接方式，确保泳衣该牢固的地方牢固，该柔韧的地方柔韧，使这款泳衣泡过水后穿起来更舒适。

 打印的婚纱惊艳亮相 ·················

近期，在位于上海智慧湾的中国首个 3D 打印文化博物馆揭牌仪式上，全球首款 3D 打印的 TPU 婚纱惊艳亮相，展示了艺术与 3D 打印技术的完美结合，引起了世人的瞩目。

这款打印的 TPU 婚纱，由 16 种部件无缝拼接而成，其误差值小于 0.2 毫米，整个打印过程在 28 小时内完成，工艺精湛，细节考究。

TPU，是热塑性聚氨酯弹性体的英文缩写。这种物质具有卓越的高张力、高拉力、强韧和耐老化的特性，是一种成熟的环保材料，具有高防水性、透湿性、防风、防寒、抗菌、防霉、保暖、抗紫外线以及能量释放等许多优异的功能。

TPU 材料使工件表面光洁度高，颜色白，更能体现婚纱的纯净圣洁，目前国外主流用的还是尼龙做的 3D 打印时装，这款使用 TPU 材料的可穿戴婚纱，属世界首件。它能赋予婚纱极具吸引力的美学外观，也让它们非常合身，优异的弹力性能使婚纱可以纵向和横向拉伸，让穿着者感觉更加轻便舒适。

3D 打印定制高跟鞋

2019 年 3 月 21 日，一家日本公司用 3D 打印技术制造出一双高跟鞋。

这种高跟鞋是根据客户的脚部数据，定制的舒适打印鞋。此外，还可根据鞋子穿着者的重量和脚部用力的方向来定制适当的形状。因此，穿上这双高跟鞋绝对舒适合脚。

时尚的"假衣服" ·················

　　穿着 3D 打印服装的模特首次亮相时，看起来有一种"天使机器人"的感觉。尤其是那一件用白色泡沫制作的衣服，模特穿上它好像刚从泡泡浴缸里走出来似的。

　　用 3D 打印衣服，存在着这样的问题：由于采用的材料比一般服装的织物要坚硬得多，因而，无论怎么改变各种材料的内部几何形状，都无法增加衣服的弹性，因此很容易破碎。

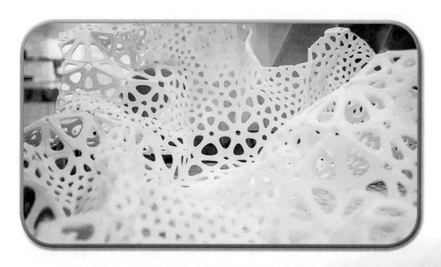

　　不过，随着材料的逐渐改善，一个用 3D 打印机打印

出的时装——"2016 年秋季生物模拟系列"隆重推出。其中，有一件名叫"穿山甲"的衣服，模特穿上后，就像是当代女祭司：一件黑暗而又女性化的甲胄。为了制作出穿山甲的鳞片感，设计师使用了一种模拟细胞分裂的算法。

这种"穿山甲"长袍很适合给航天员穿，如果航天员穿上它，就能保护他免受辐射的伤害。

另一件衣服是模仿声波的几何形状制作的，使用了橡胶材质，可以拉伸和收缩，就像记忆海绵床垫一样。它的格子在坐下时压缩，站立时弹回。

有了这样的灵活性，穿着这种 3D 打印服装的人现在可以坐下来了，但衣服穿着的感觉仍然不太舒服。

在材料问题解决之前，3D 打印服装看起来仍然像是一个艺术项目，而不是一个真正的行业。

蜘蛛机械衣

荷兰设计师又出新招，将科技和时尚融合在一起设计了蜘蛛机械衣，当陌生人接近它时，它的四条"腿"会自动打开，以保护穿衣者。

这件蜘蛛机械衣是一件配有英特尔芯片的机电一体化

连衣裙，这套连衣裙能够根据生物信号检测到的威胁作出反应，以保护穿戴者的个人空间。

也就是说，如果有人进入穿戴者周边一定空间范围内，蜘蛛衣就能作出反应。其肩部的机械手臂会不断伸缩，看上去张牙舞爪，形成恐吓的姿态。

随着别人的接近，穿戴者自己的呼吸将成为决定其衣服上的机械臂防御姿态的信号。而且别人接近的速度也将成为机械臂防卫行为的刺激因素，接近速度越快，则机械臂的也将摆出积极防御的姿态；而如果别人以一种悠闲的方式接近，这些机械臂也会轻轻地跟他打招呼。

3D打印这套衣服用选择性激光烧结技术打印出来，连衣裙上下都布满了漂亮的美丽几何形状。设计师使用的材料很轻，所以这套衣服即使穿几个小时也不会感到疲劳。

在衣服的芯片里嵌入了 Linux 系统，设计师又用 Python 语言进行了编程。这件衣服还使用了 20 个小型的金属齿轮伺服系统，并使用一种机器人系统，所以十分聪明，超级好用。

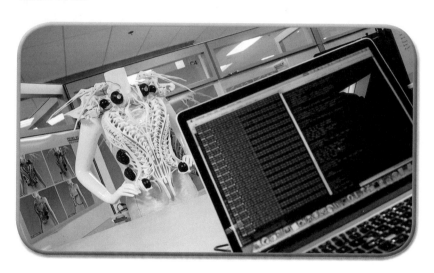

第 12 章

助力高科技的"魔法"

▶▶▶ 3D 打印正如"魔法棒"一般，融合了高新技术之后，更能施展出不同凡响的本领来。不信就让我们来看一下，3D 打印到底能变出什么样的新奇魔法。

3D 打印液态金属 ••••••••••••••••

　　相信看过科幻电影《终结者 2》的人都记得这样一个画面：液体金属机器人 T1000 在被击毁后，迅速复原。这样的情形看似神秘科幻，但是并非不可实现。

　　不久前，美国研究人员开发了一种 3D 打印的技术，用液态金属作为打印的"墨水"。神奇的是，当干燥后，打印出来的物体仍然可以保持柔性。

　　这是怎么回事呢？原来，研究人员使用了镓和铟两种无毒且能在室温下保持液态的合金。当被暴露在空气中时，材料的表面会硬化，但内部仍然保持液态，这也就是新材料能保持柔性的原因。

显而易见，这项技术开辟了一片全新的领域。由于液态金属可以导电，也就意味着将有可能采用类似技术，利用3D打印机打印出液态金属线路——用于制作柔性、可伸缩的电路。

未来，就可以像印刷文字那样，直接在基板上打印出能导电的线路和图案。而液态金属印刷电子的方法，则可以将印刷电子技术又向前推进一大步。

 用脑电波控制 3D 打印机 ⋯⋯⋯⋯⋯

人类的各项生理活动都会放出弱电，如果用仪器测量大脑的电位活动，就会显现出像波浪一样的图形，这就是"脑电波"。

脑电波活动具有一定的规律，和大脑的意识存在某种程度的对应关系。人在愉悦、焦虑、昏睡等不同状态下，脑电波频

率会有显著的不同。

正因为脑电波具有随情绪变化而波动的特性，因此通过对脑电波信息的监视，解读后转化为相应的动作，这就使"意念"操控物体成为可能。电影《阿凡达》中展现的"脑机接口技术"即是一例。

一般来说，家用的 3D 打印机比较简单，而相对专业的 3D 打印机则复杂许多。针对这种情况，智利的一家创业公司制造了一台由意念控制的 3D 打印机，试图让使用者通过意识就能让 3D 打印机打印出物品。

用意念控制 3D 打印机的思路是：通过神经感应技术，可以将用户的意识直接转化为 3D 打印的数据模型。首先，提供一个数据模型的简易版本，用户戴上专门的意念控制器后，可以在电脑屏幕上增减他们想要的元素，不断修改当前的模型。而当他们摘下意念控制器后，最终确定的模型将被传输到打印机用于打印实物。

现在，已经成功地制作了第一件意念控制的打印物品——一个创造出来的"橘子怪"。

这种操作系统目前仍属于非常初期的阶段，但相信随着神经科学和大脑 - 计算机接口技术的发展，这样的系统将为未来的生活开启更多的可能。

在皮肤上打印芯片 ·······················

美国研究人员用 3D 打印机，首次在手上打印出芯片。这种芯片运用在战场上特别有用。譬如，士兵在丛林里作战了数天，断水断粮了，此时，一个士兵发现一个小水潭，想喝水潭里的水，又不知道水能不能喝，于是，士兵从背包里取出一台小型的 3D 打印机，直接在皮肤上打印出需要的化学传感器，用手上的传感器来检测水质，这样就会大大增加士兵的单兵作战能力。

这种能在皮肤上打印出来的临时传感器，可以检测各种化学、生物制剂，用完之后，还可以用镊子将其剥离，或者用水洗掉。

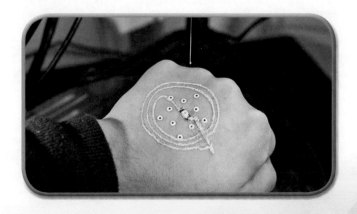

这种小型 3D 打印在手上打印芯片时，还能适应打印过程中人手的微小移动，实时调整，因而不会改变电路的形状。

此外，打印机使用由银片制成的专用墨水，不同于那些必须在 100℃高温下才能固化的 3D 打印油墨，只要在室温下就能固化，并让打印出来的芯片导电。

世界首个"隐声"斗篷 ··············

美国科学家研制出世界首个全方位"隐声"斗篷，该斗篷装置取形于金字塔，材料选用多孔塑料，有望应用于军事装备及建筑声学等。

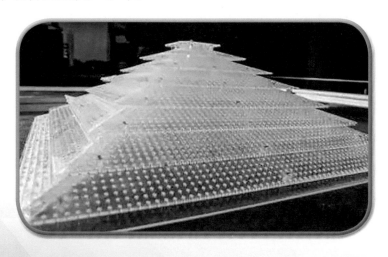

什么是"隐声"斗篷呢？

其实，就是虚拟了一个和周围环境相似的空间，让外面的人感觉不到面前有一道声音屏障，以至于声波不能传播过去。

科学家使用了一种特殊的塑料，塑料上的微小结构比光的波长还小。令人惊奇的是，科学家还用3D打印机打印出了这种"隐声"斗篷。它是一种精心设计的结构——金字塔形状的结构。这种由几个塑料基板一块叠着一块而成的金字塔形结构，能在该物体的周围引导声波——就像河水中石头改变水流方向一样。

"隐声"斗篷的功能是吸收声波，或者干扰声波的传播。如果在一个物体的周围放置"隐声"斗篷，再用超声波探测仪去探测，是测不到有任何物体存在的，因为没有任何反射波回来。

为了给出这种物体并不存在的幻觉，"隐声"斗篷必须改变声波的轨道，使得探测的声波发射过来时，不会反射回去，甚至可以让这些声波像没有碰到物体似的，继续向前传播。

未来，这种"隐声"斗篷的应用会非常广泛。譬如，放几个"隐声"斗篷，即便在大庭广众下也能开秘密会议。如果有人不喜欢吵闹的环境，只要在身旁放一个"隐声"斗篷，他的周围就会马上安静下来，不再嘈杂。

在军事上，可以在潜水艇上装一些"隐声"斗篷，潜水艇就不会被声呐探测到。

3D 云制造开启定制时代 ············

如今，云端服务十分火热，借用云计算的思想，建立共享资源的平台，将巨大的社会制造资源连接在一起，实现资源的高度共享，这已经成为当今计算机行业与制造业的主流。而 3D 打印技术便是云端服务的典型应用。

过去，一家工厂的工人服装是统一发放的，只能对尺寸进行控制，无法为所有人定制个性化的服装。而 3D 打印能利用摄像头自动采集、分析提取每个人的体貌个性特征，并自动根据视觉和美感，进行形状设计、颜色与肤色搭配等，可极大缩减定制周期。

人们可以通过"智能云网"模式定制一双鞋子，用户只需在手机上下载一个 APP，给自己的双脚拍几张照片，并指定喜欢的款式和颜色，之后位于云端的智能计算服务将根据用户上传的照片重建出 3D 脚形，把鞋子设计出来，并在云制造集群中搜索邻近的打印点打印即可。

3D 智能数字化设计软件是什么?

　　3D 智能数字化设计软件是 3D 打印的核心,目前有两大类实现方法:第一类是使用 3D 设计软件,由设计师设计数字化产品;第二类是 3D 扫描(俗称 3D 照相),基于计算机视觉、模式识别与智能系统、光机电一体化控制等技术对物体进行扫描采集,以进行数字化重建。